Sitzungsberichte
der Akademie der Wissenschaften
der DDR
Mathematik – Naturwissenschaften – Technik

16 N

1979

Harald Aurich

# Die Oxydation aliphatischer Kohlenwasserstoffe durch Bakterien

AKADEMIE-VERLAG · BERLIN

Sitzungsberichte
der Akademie der Wissenschaften
der DDR
Mathematik — Naturwissenschaften — Technik

Jahrgang 1979 · Nr. 16/N

Harald Aurich

# Die Oxydation aliphatischer Kohlenwasserstoffe durch Bakterien

AKADEMIE-VERLAG · BERLIN
1979

Vortrag von Prof. Dr. sc. Harald Aurich,
Physiologisch-chemisches Institut der
Martin-Luther-Universität Halle-Wittenberg,
gehalten vor der Klasse Biowissenschaften
der Akademie der Wissenschaften der DDR
am 14. Dezember 1978

Herausgegeben im Auftrage
des Präsidenten der Akademie
der Wissenschaften der DDR
von Vizepräsident Prof. Dr. Heinrich Scheel

Erschienen im Akademie-Verlag, 108 Berlin, Leipziger Str. 3–4

Lizenznummer: 202 · 100/272/79
Gesamtherstellung: VEB Druckhaus Köthen
Bestellnummer: 762 784 7 (2010/79/16/N) · LSV 1345
Printed in GDR
DDR 3,– M

In den letzten Jahren hat sich auf dem Boden der Biochemie und der Mikrobiologie ein neues Forschungsgebiet entwickelt und ein eigenständiges Profil erworben, das man als „Erdölbiochemie“ oder „Biochemie der Kohlenwasserstoffe“ bezeichnet. Sein Platz liegt zwischen der Erdölmikrobiologie, aus der es hervorging, und der Petrochemie: mit beiden ist es auch noch eng verbunden. Die eigentliche Entwicklung der Erdölbiochemie begann vor etwa 20 Jahren, nachdem die ersten Forschungslaboratorien der Erdölindustrie — insbesondere zur Entparaffinierung von Kerosin und Gasöl mit Hilfe von Hefen und zur Gewinnung von Hefeprotein — gegründet worden waren. Vor allem dieses industrielle Interesse trug zum raschen Fortschritt der Erdölbiochemie bei.

Hauptgegenstände der biochemischen Untersuchungen waren die metabolen Umwandlungen aliphatischer und aromatischer Kohlenwasserstoffe in Mikroorganismen, die Art der Bildung ihrer primären Oxydationsprodukte und deren Einschleusung in „physiologische“ zentrale Bahnen (einschließlich deren Regulation) sowie die Isolierung und Charakterisierung beteiligter Enzyme. Von nicht unwesentlicher Bedeutung sind für die Beschreibung der gefundenen Phänomene Erkenntnisse gewesen, die die Wechselwirkungen — insbesondere hydrophober Natur — zwischen den Erdölbestandteilen bzw. deren Metaboliten und den Zellstrukturen der Mikroben — insbesondere Proteinen und Membranen — zum Gegenstand hatten. Es gibt über das Forschungsgebiet in der Literatur eine Reihe von Übersichtsartikeln, meist ältere und vorrangig aus mikrobiologischer Sicht verfaßte (z. B. Zobell, 1950; Beerstecher, 1954; Foster, 1962; van der Linden und Thijsse, 1965; McKenna und Kallio, 1965; Davis, 1967, Humphrey, 1967), einige aber auch aus jüngerer Zeit (Klug und Markovetz, 1971; Finnnerty, 1977; Ratledge, 1977).

Die folgenden Ausführungen beschränken sich auf die biochemische Konvertierung von mittel- und langkettigen aliphatischen Kohlenwasserstoffen (n-Alkane) durch Bakterien. An sich ist eine große Zahl von Mikroorganismen in der Lage, n-Alkane zu assimilieren, Aromaten dagegen können nur von einer kleinen Zahl von Species verwertet werden. Die meisten Erkenntnisse — vor allem auch in der industriellen Anwendung — stammen von Hefen (*Candida*). Erst in den letzten Jahren wurden zunehmend besonders biochemische Ergebnisse mit Hilfe von Bakterien erzielt und neue Einsichten und Perspektiven gewonnen. Zusätzliche Motivation zur Beschäftigung mit dem bakteriellen Alkanstoffwechsel war der Aspekt, daß insbesondere bakterielle Biomassen eine viel größere Variabilität neuartiger Spezialprodukte aus dem Erdöl — gegebenenfalls auch für den Einsatz in anderen Produktionszweigen — erwarten lassen, als dies bei Hefen der Fall ist. Im folgenden soll eine Übersicht gegeben werden über die primäre Oxydation von n-Alkanen (einschließlich der daran beteiligten Enzyme), wie wir sie von den Ergeb-

---

[1] Als Abkürzungen der Gattungsnamen werden im folgenden verwendet: *Ps.* = *Pseudomonas, Ac.* = *Acinetobacter*

nissen insbesondere an *Pseudomonas putida var. oleovorans*, *Ps. aeruginosa* (auch *Ps. sp.* 196Aa) und *Acinetobacter*-Species, z. B. *Ac. calcoaceticus* und *Ac. sp.* H01-N (früher *Micrococcus cerificans*), ableiten können.[1]

## 1. Alkan-Oxydationsprodukte und metabole Bahnen

Die bakteriellen Oxydationsprodukte von aliphatischen Kohlenwasserstoffen zeigen eine erhebliche Vielfalt, die von der verwendeten Species und zum Teil auch von der Kettenlänge der Alkane abhängt. In der Regel liegt bei Kettenlängen zwischen $C_9$ und $C_{11}$ eine gewisse Grenze der Assimilationsfähigkeit. Die meisten Stämme verwerten ausschließlich Alkane mit Kettenlängen, die über dieser Grenze liegen, vermögen aber manchmal auch kürzerkettige zu oxydieren, wenngleich nicht zu assimilieren (Asperger und Aurich, 1977). Nur wenige Species assimilieren auch kürzerkettige Alkane (z. B. $C_6$—$C_8$), wozu beispielsweise *Ps. putida* und auch Stämme von Corynebakterien gehören. Ungesättigte und verzweigtkettige Verbindungen werden im allgemeinen schlechter und z. T. auch nur unvollständig abgebaut.

Tabelle 1
Wichtige Oxydationsprodukte der n-Alkane in Bakterien
In den Strukturformeln sind jeweils nur die Enden der Kohlenwasserstoffmolekel dargestellt. Die freien Striche an den C-Atomen stehen symbolisch für H-Atome

| | Struktur-spezifität | | Struktur-spezifität |
|---|---|---|---|
| Δ1-Alkene | 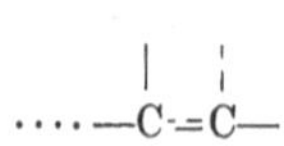 | Acetylester längerkettiger Alkohole | 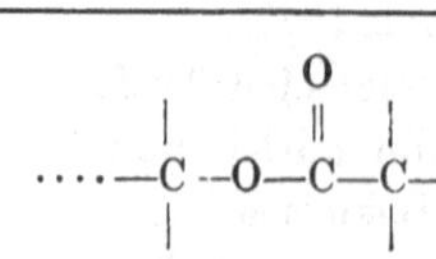 |
| 1-Alkanole (prim. Alkohole) | 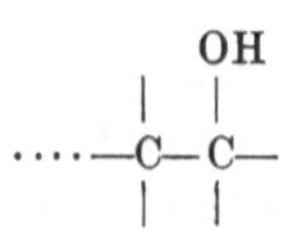 | 1,2-Diole | 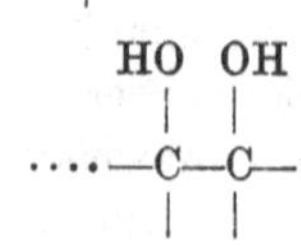 |
| Alkanale (Aldehyde) | 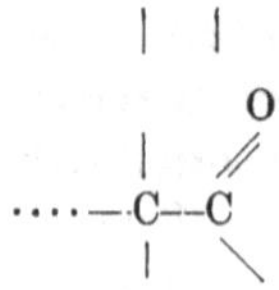 | Fettsäuren | 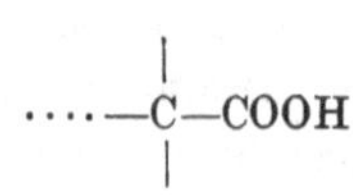 |
| 2-Alkanole (sek. Alkohole) | 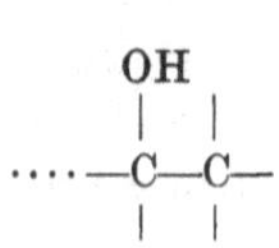 | ω-Hydroxy-fettsäuren | 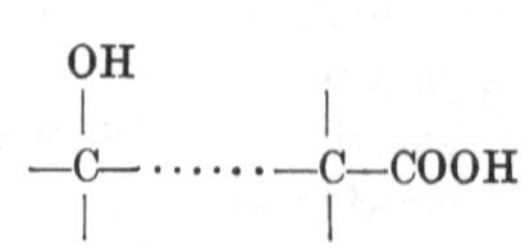 |
| 2-Alkanone (Methylketone) | 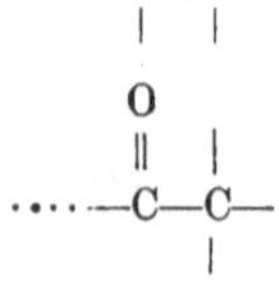 | Dicarbonsäuren | 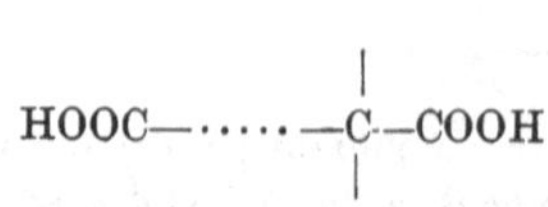 |

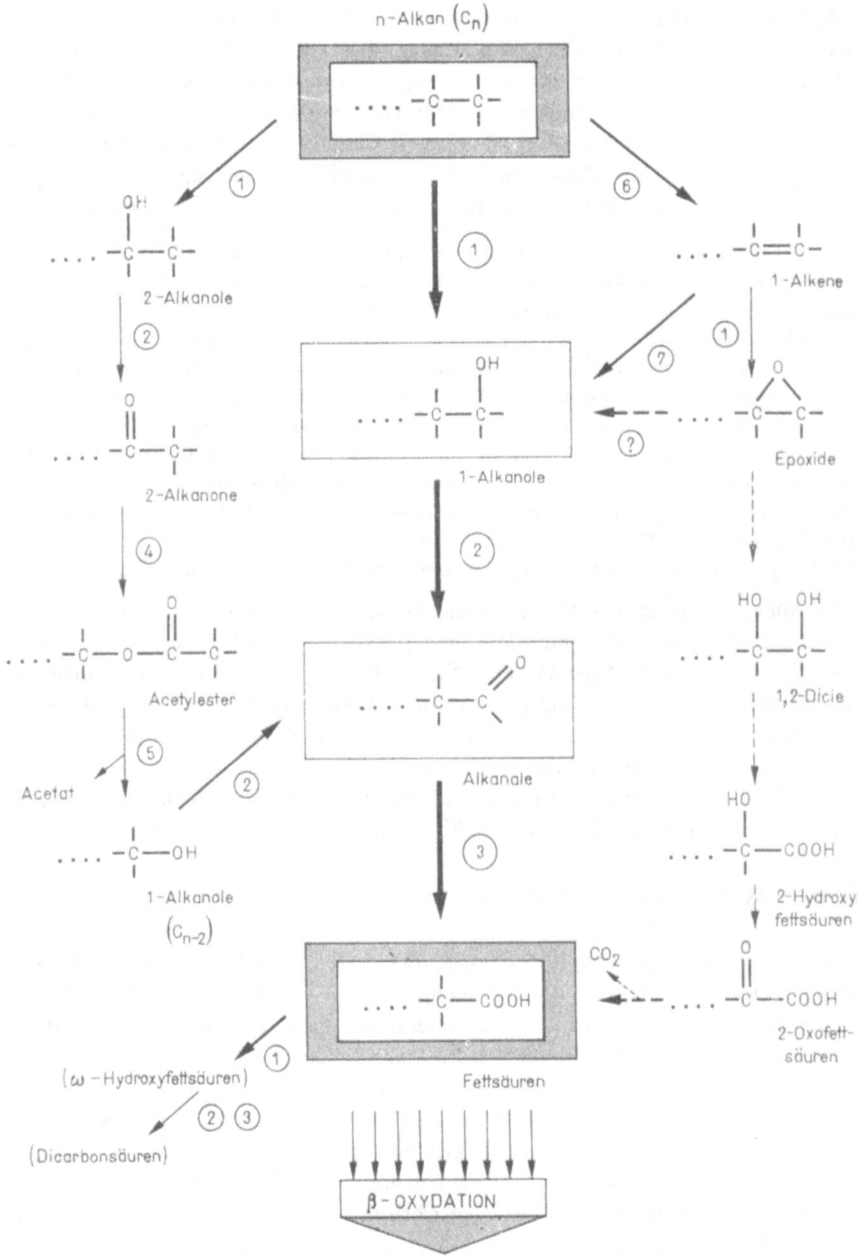


Abb. 1 Wege der Alkanoxydation bei Bakterien (Hauptweg durch dicke Pfeile markiert). Beteiligte Enzyme: ① Alkanmonooxygenase (Alkanhydroxylase), ② Alkoholdehydrogenase, ③ Aldehyddehydrogenase, ④ Alkanon-monooxygenase, ⑤ Esterase, ⑥ Alkandehydrogenase, ⑦ Alkenhydroxylase (identisch mit ① ?)

Eine Zusammenstellung der wichtigsten Alkan-Oxydationsprodukte bei Bakterien zeigt Tabelle 1. Aus dem Vorkommen dieser Verbindungen wurden schon sehr früh mögliche Abbauwege konstruiert, von denen bislang nur ein Teil wirklich richtig bewiesen werden konnte (Abb. 1). Der am weitesten verbreitete Weg ist derjenige über den primären Alkohol (1-Alkanol) und Aldehyd (Alkanal) zur korrespondierenden Fettsäure. Die dazugehörigen Enzyme wurden insbesondere bei *Ps. putida*, *Ps. aeroginosa* und *Ac. calcoaceticus* studiert (vgl. Abschnitt 3).

Die subterminale Oxydation, die bei bestimmten *Pseudomonas*-Stämmen über den Acetylester des um 2 C-Atome ärmeren Alkohols führt (Allen *et al.*, 1971), ergibt sich wahrscheinlich aus der unvollkommenen Spezifität der Enzyme des Hauptweges. Spezifisch für diesen Weg sind nur die mit dem Acetylester zusammenhängenden Enzyme: das esterbildende Enzym, eine flavinabhängige Monooxygenase, und das esterspaltende Enzym, eine spezifische Esterase. Beide Enzyme wurden erst in jüngster Zeit von Markovetz (1978) genauer charakterisiert. Der Weg über die Olefine ($\Delta$ 1-Alkene) bei *Ps. aeruginosa* (Chouteau *et al.*, 1962; Azoulay *et al.*, 1963), deren Bildung viele Jahre umstritten war, konnte durch den Nachweis einer Alkandehydrogenase und der Alkenhydroxylierung zum 1-Alkohol durch Traxlers Gruppe jetzt definitiv bestätigt werden (Parekh *et al.*, 1977). Vorher war allerdings schon die Bildung der Epoxide aus den Doppelbindungen durch die Hydroxylase von *Ps. putida* gefunden worden.

In allen Fällen ist die Fettsäure das Endprodukt der primären Oxydationsschritte. Fettsäuren stellen für die Zellen praktisch physiologische Verbindungen dar. Sie können in die Lipoide der Zelle eingebaut und in ihrer Kettenlänge entsprechend verändert bzw. angepaßt sowie auf dem Wege der $\beta$-Oxydation der Energiegewinnung oder über das Acetyl-CoA auch der Baustoffbiosynthese zugeführt werden. Sie induzieren in den zentralen Bahnen des Cytoplasmas eine Adaptation an ein hohes Angebot an Acetyl-CoA, z. B. durch Eröffnung der anaplerotischen Sequenz des Glyoxylat-Zyklus (Übersicht bei Kleber, 1978).

## 2. Beziehungen zwischen Membrantransport und Oxydation

Unser Gesichtskreis über die Passage der Alkane durch Zellwand und Cytoplasmamembran und ihr Zusammenhang mit den primären Oxydationsschritten — die Enzyme dafür sind fast ausschließlich membrangebunden (!) — wurde in der letzten Zeit nicht unwesentlich durch morphologische Erkenntnisse erweitert. Insbesondere bei *Acinetobacter* (Übersicht zu dieser Gattung s. Juni, 1978) hat Finnerty mit seinen Mitarbeitern (Kennedy *et al.* 1975; Scott und Finnerty, 1976) durch subtile Ultrastrukturstudien zeigen können, daß während der Hexadecan-Assimilation (im Gegensatz z. B. zur Verwertung von Hefeextrakt) Alkaneinschlüsse in der Zelle gefunden werden, die offensichtlich Kontakt zur Cytoplasmamembran besitzen (Abb. 2). Sie sind von einer Monoschichtmembran umhüllt. Außerdem führt Hexadecan als C-Quelle zu einer Vergröberung der elektronenoptisch darstellbaren Cytoplasmastruktur, wahrscheinlich durch die Bildung einer Vielzahl Alkan-haltiger „Submikropartikeln". In den größeren Einschlüssen (und vielleicht

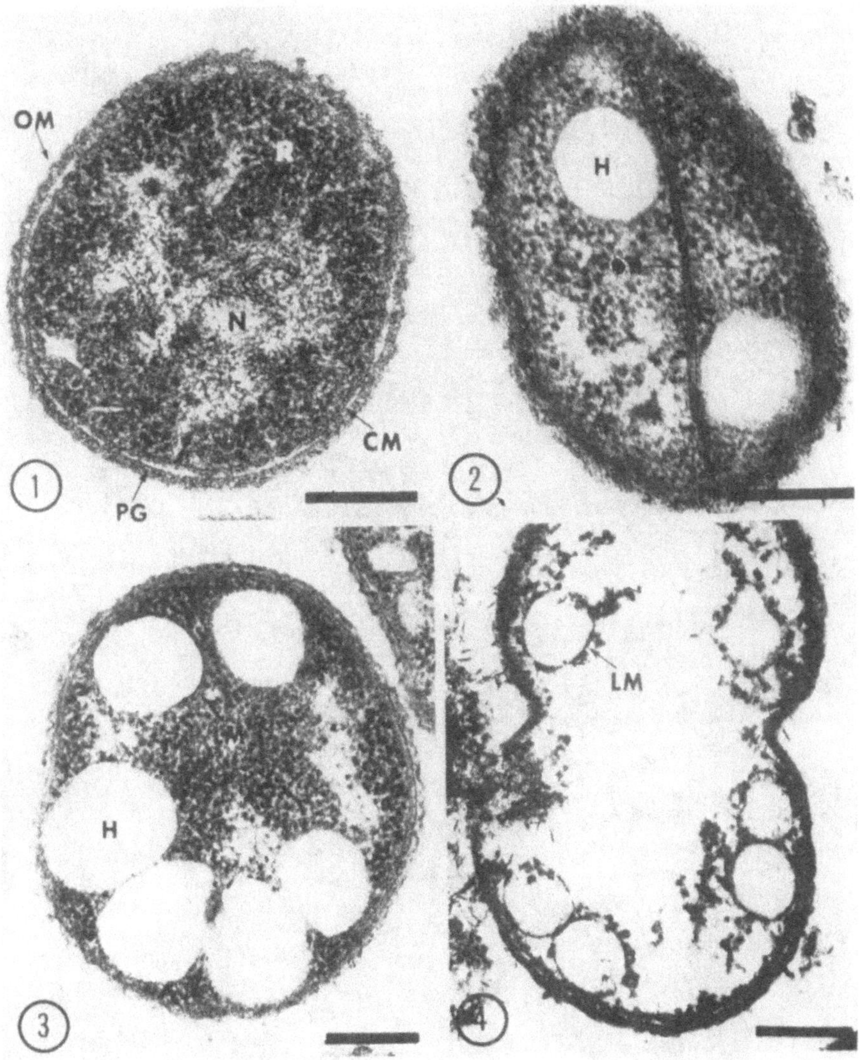


Abb. 2 a Dünnschnitte von *Acinetobacter*, gewachsen auf Hefeextrakt (①) bzw. Hexadecan (②–④; ④ nach partieller Lyse). Die Wiedergabe der Bilder erfolgt mit freundlicher Genehmigung von Prof. FINNERTY (aus SCOTT und FINNERTY, 1976).
H = Hexadecaneinschlüsse R = Ribosomen, N = Nuklearsubstanz, PG = Peptidoglykan (Murein), CM = Cytoplasmamembran, OM = äußere Membran, IM = intracytoplasmatische Membran, LM = limitierende Membran um die Hexadecaneinschlüsse, die Länge der starken Striche entspricht 0,2 µm (in ① 0,5 µm)

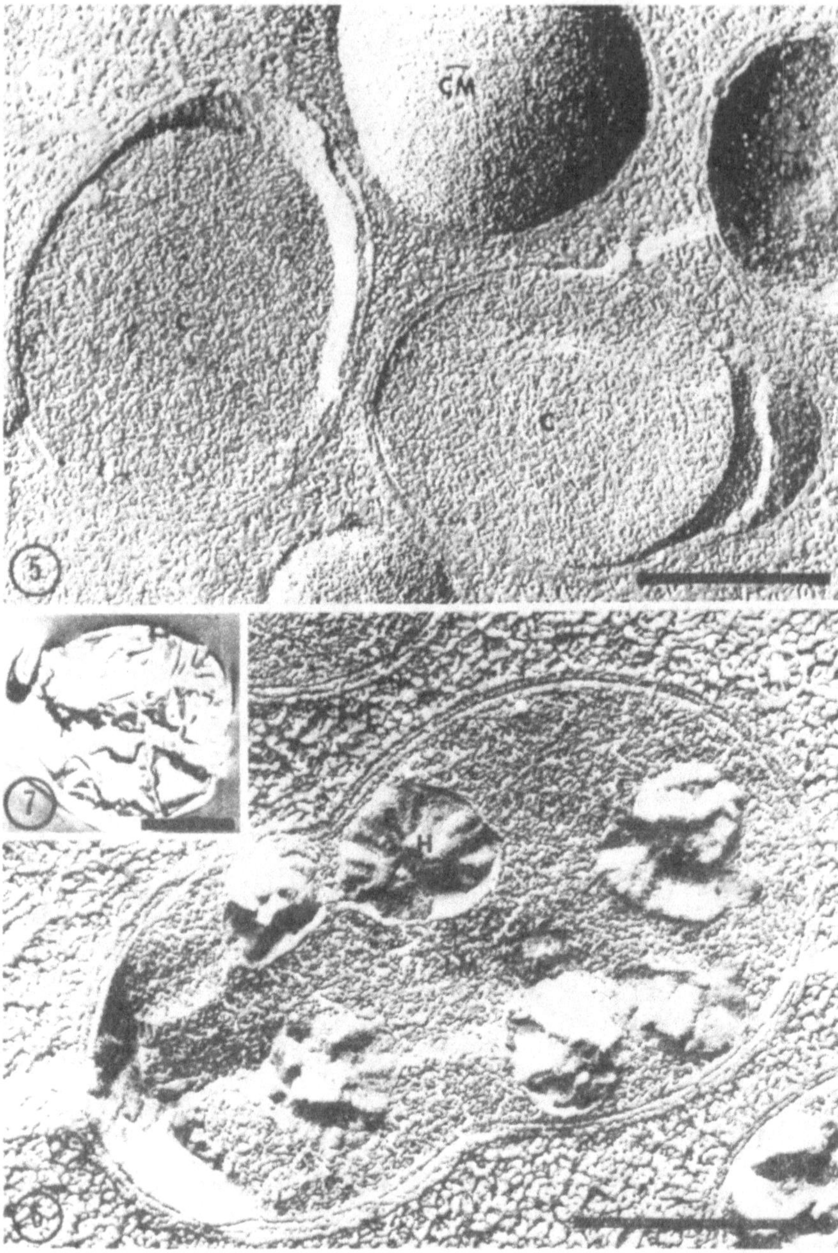


Abb. 2 b Gefrierätzungen von *Acinetobacter* nach Wachstum auf Hefeextrakt (⑤) bzw. Hexadecan (⑥) sowie eines Hexadecan-Partikelchens aus einer Dispersion in 30% Glycerol (⑦). Die Wiedergabe der Bilder erfolgt mit freundlicher Genehmigung von Prof. Finnerty (aus Scott und Finnerty, 1976).
Abkürzungen s. Abb. 2 a; die Länge der starken Striche entspricht 0,5 μm (in ⑦ 1,0 μm)

auch in den Submikropartikeln) finden sich allerdings nicht nur Alkane, sondern auch Alkanole und Wachsester (Scott und Finnerty, 1976). Darüber hinaus vermögen Alkane die Bildung von intrazellulären Membranen (ähnlich den Mesosomen) zu induzieren (Kennedy und Finnerty, 1975; Aurich *et al.*, 1977).

Nicht uninteressant sind auch die dabei gewonnenen Befunde über Veränderungen der chemischen Zusammensetzung der Cytoplasmamembranen (Scott *et al.*, 1976). Während der Hexadecan-Assimilation steigen in den Membranen die Anteile der neutralen Lipide an — vor allem Alkane und Alkanole (vielleicht in Form eines stationären Zustandes der Transport- und Oxydationsprozesse). Alkane lassen sich in Membranen von Hefeextrakt-gewachsenen Zellen nicht nachweisen. Die Verhältnisse der Phospholipoide untereinander (bei *Acinetobacter* sind dies vor allem Phosphatidyläthanolamin, Phosphatidylglycerol und Cardiolipin) werden durch die Alkane nicht beeinflußt, möglicherweise jedoch in ihren Kettenlängen und im Sättigungsgrad der enthaltenen Fettsäuren, um die Konstanz der Fluidität der Membranen zu erhalten.

Im Kulturmedium finden sich im wesentlichen 3 unterschiedliche Zustandsformen der Kohlenwasserstoffe (Abb. 3). Neben größeren Partikeln oder Tropfen (abhängig vom Schmelzpunkt des verwendeten Alkans) und Spuren an kolloidaldispers gelösten Molekeln (abhängig von der Kettenlänge des Alkans) finden sich auch die Submikropartikeln (mit mizellarer Struktur), deren Anteil im Verlaufe der Assimilation ständig steigt. Die Ursache dafür liegt in der Sekretion von Stof-

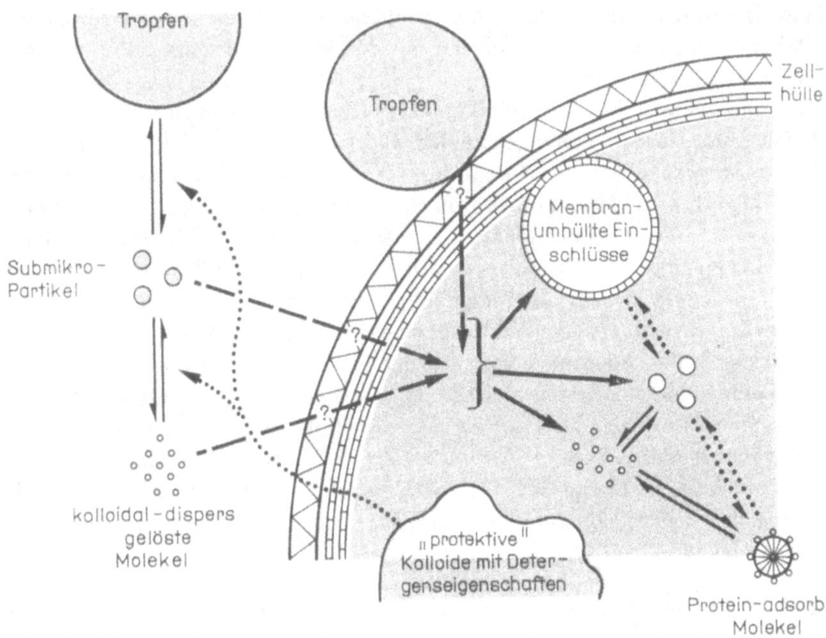


Abb. 3 Schematische Darstellung möglicher Zustandsformen von Alkanen im Kulturmedium und in der Zelle. Die verwendeten Dimensionen entsprechen nicht der Wirklichkeit (die Tropfen oder Partikel im Kulturmedium sind im Verhältnis zur Zellgröße beispielsweise etwa 100fach verkleinert!)

fen, die als Detergentien wirken (freie Fettsäuren, Glycolipoide, Peptidolipoide, Lipoproteide) (Übersicht bei Erickson und Nakahara, 1975). Darüber hinaus finden sich die Bakterienzellen während der Assimilation von Alkanen zunehmend an der Oberfläche der Partikeln bzw. Tropfen. Diese Kontakte werden vor allem durch Lipoproteide aus den Oberflächenstrukturen der Zellen vermittelt, deren Bildung während der Kohlenwasserstoff-Assimilation zum Teil erst induziert wird und auch zu einer steigenden Hydrophobierung der Zelloberfläche führt.

Über den eigentlichen Transportmechanismus sind unsere Kenntnisse noch lückenhaft. Er könnte während des Kontaktes der Zelle mit dem Tropfen vor sich gehen, aber auch als Sorption ganzer Submikropartikeln oder in Form einer molekularen Aufnahme (vielleicht mit Hilfe eines Carriers) geschehen (Erickson und Nakahara, 1975). Man weiß, daß sich zuerst ein rasches Gleichgewicht der Alkane zwischen Medium, Zellwand (äußere Membran) und Cytoplasmamembran einstellt. Die strukturelle Organisation der Alkane in den Membranen ist nicht bekannt. Da auch ein Transport gegen den Konzentrationsgradienten möglich ist, wurde eine Energieabhängigkeit angenommen (Finnerty, 1978).

Über die Wege zu den lokalen Akkumulationen in der Zelle (Alkaneinschlüsse) gibt es nur Hypothesen, meist werden sie als rein physikalische Phasentrennung — verbunden mit aktiver metaboler Kompartmentierung — interpretiert. Zusätzlich muß man allerdings in der Zelle mit nicht unbeträchtlichen Anteilen von Kohlenwasserstoffen rechnen, die an Zellproteine (speziell an deren hydrophobe Oberflächenregionen) adsorbiert sind und mit den kolloidal-dispers gelösten Molekeln im Gleichgewicht stehen (Abb. 3).

Unter Einbeziehung der Membranbindung der beteiligten Enzyme zur primären Oxydation kann aus all diesen Befunden abgeleitet werden, daß eine primäre Oxydation der Alkane bereits während ihres Transports — gleichsam in den Zellhüllen — möglich ist, vielleicht durch Entnahme der Alkane aus der Membranlipidphase (Oberflächen-Oxydations-Modell). In der Membran selbst finden sich dann — als Ausdruck stationärer Zustände — auch Alkohole, weniger dagegen Fettsäuren (Aldehyde praktisch nicht). Allerdings muß dazu ergänzt bzw. eingeschränkt werden, daß auch eine Oxydation der Alkane aus dem Cytoplasma heraus möglich ist, was z. B. die endogene Veratmung der Alkane nach Entfernung der Nährbodenkohlenwasserstoffe beweist. Während der endogenen Veratmung kommt es bereits teilweise wieder zum Abbau der vorher durch die Alkane induzierten Enzyme (Aurich und Eitner, 1973 und 1977); Asperger und Aurich, 1977), so daß man annehmen muß, daß die Kohlenwasserstoffe als Induktoren offensichtlich nur von außen (oder während des Transports) wirken können (vgl. auch Abschnitt 4).

## 3. Die Enzyme des Hauptweges der primären Oxydation

Die Umwandlung des Alkans zur Fettsäure verläuft auf dem Hauptweg der primären Oxydation in drei Schritten (Abb. 4). Die dazugehörigen Enzyme sollen im folgenden kurz charakterisiert werden.

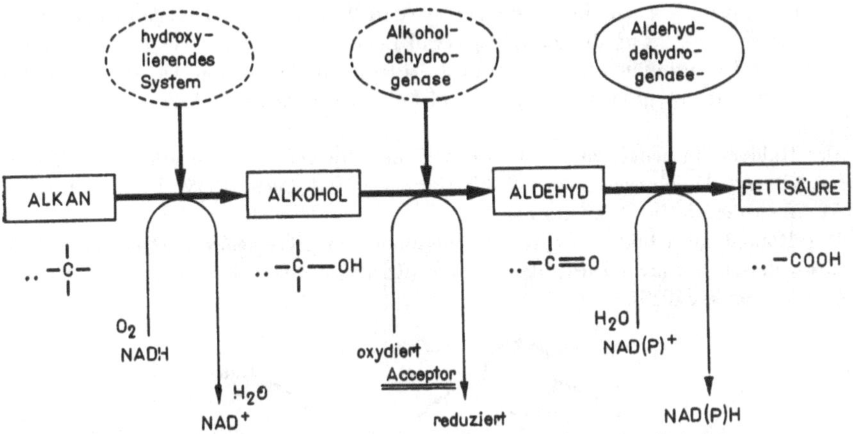


Abb. 4 Hauptweg und Enzyme der primären Alkanoxydation bei Bakterien

*Das Hydroxylierungssystem*

Das Hydroxylierungssystem wurde besonders bei *Ps. putida var. oleovorans* (Coon und Mitarb.)[2] und teilweise auch bei *Ac. calcoaceticus* (Aurich und Mitarb.) sowie bei *Ps. aeruginosa* (van Eyk und Bartels, 1970) und *Ps. denitrificans* (Kusunose *et al.*, 1967b) studiert. Es besteht aus drei Proteinen: der eigentlichen Hydroxylase (Alkan-1-monooxygenase), einem kleinmolekularen Nicht-Häm-Eisen-Protein (NHIP) vom Rubredoxin-Typ und einer Rubredoxinreduktase (Abb. 5).

Die Alkan-1-monooxygenase, die auch längerkettige Fettsäuren (> 12 C-Atome) in $\omega$-Stellung hydroxyliert, bildet aus Alkan und molekularem Sauerstoff zuerst ein Hydroperoxid, das erst in einem 2. Teilschritt durch reduziertes Rubredoxin zum Alkohol und zu Wasser reduziert wird. Die Rückreaktion des oxydierten Rubredoxins katalysiert die Rubredoxinreduktase, die die dafür notwendigen Elektronen von einem Pyridinnukleotid entnimmt.

Die Alkan-1-monooxygenase ist ein membrangebundenes Enzym (Molmasse: 2 Mill.) und enthält mehrere Eisenatome (McKenna und Coon, 1970; Boyer *et al.*, 1971). Pro Polypeptidkette (Molmasse: 40 800) findet man je ein Fe-Atom und einen Cystein-Rest sowie 21 Phospholipoidmolekeln (Ruettinger *et al.*, 1977). Bei anderen Mikroorganismen enthält das Enzym Cytochrom P 450, z. B. bei Corynebakterien (Cardini und Jurtshuk, 1970) und auch bei *Candida tropicalis* (Lebeault *et al.*, 1971). Das Enzym hy-

[2] Der von Coon beschriebene und benutzte *Ps. oleovorans*- Stamm zeigt nach Angaben von Chakrabarty *et al.* (1973) übereinstimmende Eigenschaften mit *Ps. putida* (Biotyp A) und wird in der Sammlung von Gunsalus als *Ps. putida* PpG6 bezeichnet. In der letzten Auflage von „BERGEY'S Manual of Determinative Bacteriology" (Eds. R. E. Buchanan und N. E. Gibbons, 8. Aufl., 1974; Williams & Wilkins, Baltimore) ist der Coon'sche Stamm als *Ps. putida var. oleovorans* (im folgenden meist als *Ps. putida* bezeichnet) angeführt.

droxyliert außer Alkanen (in 1-, weniger auch in 2-Stellung) und längerkettigen Fettsäuren auch $\Delta$ 1-Alkene, die zu 1.2-Epoxyalkanen oder zu $\Delta$ 1-Alken-$\omega$-olen werden. Durch diese Unspezifitäten läßt sich auch die diterminale Oxydation der Alkane, die bei manchen Species in größerem Umfange wirksam ist (Kester und Foster, 1963), erklären.

Das Rubredoxin gehört zu den löslichen Eisen-Schwefel-Proteinen (ohne säurelabilen Schwefel) mit Molmassen unter 20 000 (Peterson und Coon, 1968; Lode und Coon, 1971; Aurich *et al.*, 1976).

Die Rubredoxinreduktase ist ein cytoplasmatisches Flavinenzym (Molmasse: 50—55 000), dessen Coenzym leicht abdissoziiert (Kusunose *et al.*, 1967 a; Ueda und Coon, 1972; Claus *et al.*, 1978).

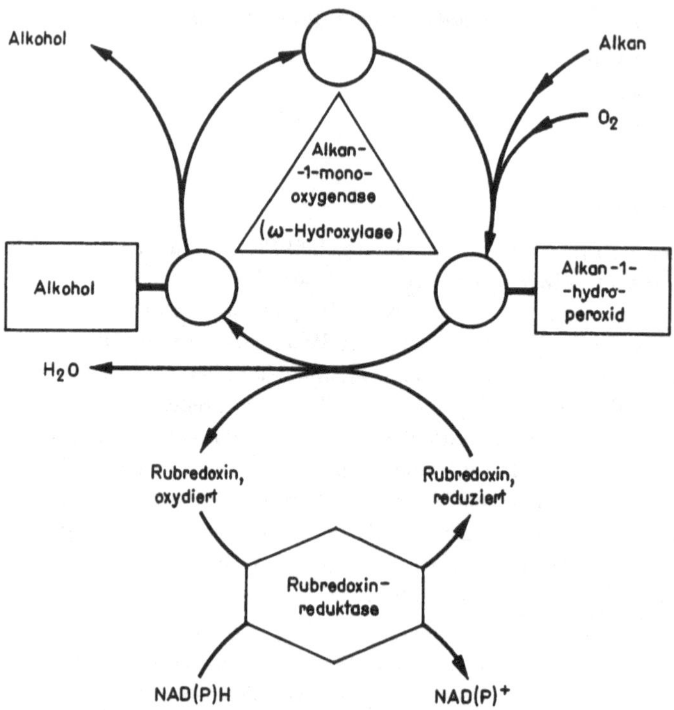


Abb. 5 Reaktionsweise des Systems zur Hydroxylierung von Alkanen (und auch Fettsäuren in $\omega$-Stellung), wie wir es bei *Ps. putida var. oleovorans* und wahrscheinlich auch bei *Ac. calcoaceticus* antreffen

## *Die Alkoholdehydrogenase*

Von der Alkoholdehydrogenase (ADH) lassen sich bei Bakterien unter dem Aspekt der Alkan-Assimilation zwei Typen voneinander unterscheiden: Pyridinnukleotid-abhängige Enzyme (im Cytoplasma, Molmassen um 250 000) und Akzeptor-abhängige Enzyme (membrangebunden, Molmasse unbekannt). Beide wandeln den primären Alkohol (1-Alkanol) in den korrespondierenden Aldehyd (Alkanal) um.

Das entweder NAD- (z. B. bei *Ps. aeruginosa*; Azoulay und Heydeman, 1963; Tassin und Vandecasteele, 1972) oder NADP-abhängige Enzym (z. B. bei *Ac. calcoaceticus*; Tauchert *et al.*, 1976, aber auch bei *Ps. aeruginosa*; Tassin und Vandecasteele, 1972) des 1. Typs entspricht in seinen Eigenschaften — mit gewissen Einschränkungen — der ADH aus Bäckerhefe.

Der 2. ADH-Typ wurde in Verbindung mit der Alkan-Assimilation bislang bei *Ps. putida*, bei *Ps. aeruginosa* und bei *Ac. calcoaceticus* nachgewiesen (Übersicht bei Tauchert *et al.*, 1978a). Diese ADH gehört in der Regel zu den Flavinenzymen und ist in den Membranen mit einer Elektronentransportkette gekoppelt. Der primäre natürliche Elektronenakzeptor ist dabei offensichtlich ein Cytochrom (Cyt. c?), die terminale Oxydase sowohl bei *Ac. calcoaceticus* als auch bei *Ps. putida* wahrscheinlich Cytochrom o (Peterson, 1970; Asperger *et al.*, 1978). *In vitro* vermag das Enzym die Elektronen auch auf künstliche Akzeptoren (z. B. Dichlorphenol-indophenol) zu übertragen. Sowohl bei *Ac. calcoaceticus* als auch bei *Ps. putida* und *Ps. aeruginosa* kommen beide ADH-Typen nebeneinander vor. Mit der Alkan-Assimilation hängt aber offensichtlich nur das membrangebundene Elektronentransport-gekoppelte Enzym vom 2. Typ unmittelbar zusammen (Tauchert *et al.*, 1978b).

Die Substratspezifität der Alkoholhydrogenasen ist im allgemeinen gering. Außer 1-Alkanolen werden auch 2-Alkanole (in 2-Alkanone), Alkan-1,$\omega$-diole (in $\omega$-Hydroxyalkanale), Alkan-1,2-diole (in 2-Hydroxyalkanale) und $\omega$-Hydroxyfettsäuren (mit mehr als 12 C-Atomen; in Dicarbonsäure-halbaldehyde) umgewandelt. Dadurch werden Abbauwege über die Methylketone (2-Alkanone) und Wege zu den Dicarbonsäuren möglich und verständlich.

### *Die Aldehyddehydrogenase*

Von der Aldehyddehydrogenase sind im Zusammenhang mit der Assimilation aliphatischer Kohlenwasserstoffe bei Bakterien bislang nur Pyridinnukleotid-abhängige Enzyme gefunden worden (Übersicht bei Sorger und Aurich, 1978a). Sie sind entweder rein NAD-abhängig (z. B. bei *Ps. putida*) oder rein NADP-abhängig (z. B. bei *Ac. calcoaceticus*), können aber auch teilweise mit beiden Cofaktoren reagieren (z. B. bei *Ps. aeruginosa*). Die Aldehyddehydrogenase ist dabei sowohl membrangebunden (z. B. bei *Ac. calcoaceticus*) als auch cytoplasmatisch gefunden worden (z. B. bei *Ps. putida*). Bei *Ps. aeruginosa* wurden beide Lokalisationen — jeweils durch differente Enzyme — nachgewiesen, wobei allerdings das membrangebundene Enzym mit der Alkanassimilation unmittelbar verknüpft sein soll (Bertrand *et al.*, 1973).

Die Aldehyddehydrogenasen setzten außer aliphatischen auch aromatische Aldehyde um. Sie zeigen eine ausgesprochene Substratüberschußhemmung (Sorger und Aurich, 1978 b). Die Reaktionen laufen in der Regel in Richtung der korrespondierenden Carbonsäure irreversibel ab.

## 4. Die epigenetische Regulation der Enzyme des Hauptweges

Einen nicht unwesentlichen Beitrag zum Verständnis der bakteriellen Variabilität — insbesondere in der Fähigkeit zum Abbau ungewöhnlicher, unphysiologischer Verbindungen — lieferten die angewachsenen Kenntnisse über autonome extrachromosomale genetische Elemente vom Typ der Plasmide. Bei *Ps. putida* ist dies für Kampfer und Aromaten (Naphthalin, Salicylat u. a.) seit längerem bekannt. Den Untersuchungen der Gruppe um SHAPIRO ist es zu verdanken, daß wir bei *Ps. putida var. oleovorans* auch die Genorte über den Alkan(Octan)-Abbau auf einem degradativen Plasmid (OCT-Plasmid; Molmasse: 20 Mill.) lokalisieren können (GRUND *et al.*, 1975; BENSON und SHAPIRO, 1975 und 1976; NIEDER und SHAPIRO, 1975). Bei *Acinetobacter* konnte FINNERTY (1978) kein Plasmid (im Molmassenbereich zwischen 0,5 und 300 Mill.) finden. Dort liegen die Genorte für die Enzyme der primären Oxydation offensichtlich auf dem Chromosom.

Bei *Ps. putida* finden sich auf dem Plasmid ein Cluster für das hydroxylierende System (*alk ABC*) und ein Cistron (*alk O*) für die Alkoholoxydation, und zwar für die membrangebundene, Akzeptor-gekoppelte Alkoholdehydrogenase (Abb. 6). Dazu wurden zwei regulative Cistrons (*alk R und alk D*) lokalisiert (SHAPIRO, 1978). Die *alk*-Cistrons *A, B* und *C* sind dabei offensichtlich zu einem Regulon zusammengefaßt (FENNEWALD und SHAPIRO, 1977).

Der Aldehyddehydrogenase-Locus (*ald B*), aber auch der Locus für die cytoplasmatische, Pyridinnukleotid-abhängige Alkoholdehydrogenase (*alc B*) liegen auf dem Chromosom. Während die cytoplasmatische Alkoholdehydrogenase, die zwar auch längerkettige Alkanole zu oxydieren vermag, als konstitutives Enzym direkt

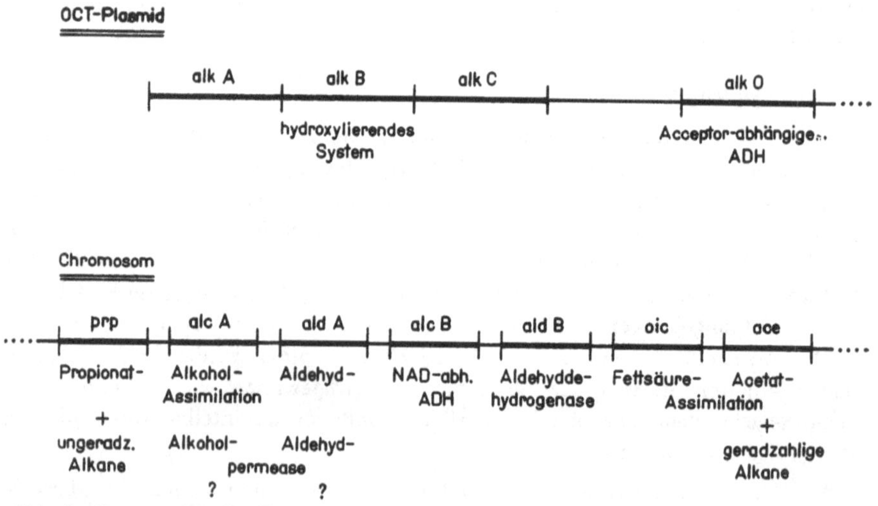


Abb. 6 Genorte für die Enzyme zur primären Alkanoxydation bei *Ps. putida* sowohl auf dem degradativen OCT-Plasmid als auch auf dem Chromosom (umgezeichnet nach Angaben von GRUND *et al.*, 1975)

mit der Alkan-Assimilation nicht gekoppelt ist (aber eine Substitutionsfunktion bei *alk O*⁻-Mutanten ausüben kann; BENSON und SHAPIRO, 1976), werden die Alkan-1-monooxygenase und mit ihr offensichtlich sequentiell koordiniert auch die membrangebundene Alkoholdehydrogenase durch Induktion und Repression epigenetisch reguliert (Tab. 2). Die eigentlichen Induktoren sollen die Alkane selbst sein, deren Wirkung von der Fluidität der Membran abhängt. Die Induktorerkennung ist an die Intaktheit der Zellhüllen gebunden und erfolgt offenbar bereits während des Transports (SHAPIRO, 1978). Auch die chromosomal codierte Aldehyddehydrogenase ist induzierbar. Induktoren dafür sind aber — ohne direkte Kopplung mit dem Alkan — offenbar die Aldehyde selbst (AURICH und EITNER, 1977; SORGER und AURICH, 1978a).

Tabelle 2
Epigenetische Regulation der Enzyme für die primäre Alkanoxydation in einigen Bakterien-Species
Zusammengestellt nach Angaben von CARDINI und JURTSHUK (1970), van EYK und BARTELS (1968), BENSON und SHAPIRO (1975) und FENNEWALD und SHAPIRO (1977) sowie den Übersichten von TAUCHERT *et al.* (1978 a) und SORGER und AURICH (1978 a)

| | Alkan-monooxygenase | Alkohol-dehydrogenase NAD(P)-abhängig | Akzept.-abhängig | Aldehyd-dehydrogenase |
|---|---|---|---|---|
| *Ps. putida var. oleovorans* | induz. | konstit. | induz. | induz. |
| *Ps. aeruginosa* | induz. | konstit. | induz. | induz. |
| *Corynebacterium sp.* | induz. | | | |
| *Acinetobacter calcoacetic.* | induz. | konstit. | induz. | induz. |

Die Biosynthese der Enzyme für die primäre Alkanoxydation kann auch — Species-spezifisch — reprimiert werden. Als Repressoren sind Fettsäuren (einschließlich Azetat) und Säuren des Citrat-Zyklus (vor allem Succinat) sowohl bei *Pseudomonas* als auch bei *Acinetobacter* bekannt (DALHOFF und REHM, 1975 und 1976; AURICH und EITNER, 1977). Auch eine Art Katabolitrepression ist bei *Ps. aeruginosa* beschrieben (DALHOFF und REHM, 1976). Für *Ps. putida* kann das *alk A, B, C*-Regulon bereits durch Alkanole reprimiert werden (CHAKRABARTY *et al.*, 1973), die beispielsweise bei *Ps. aeruginosa* noch als Induktoren des hydroxylierenden Systems fungieren.

Es war bereits darauf hingewiesen worden, daß mit der Alkan-Assimilation die zentralen Bahnen epigenetisch in dem Sinne verändert werden, als ob ein hohes Angebot an Fettsäuren einschließlich Acetat vorläge (KLEBER, 1978), z. B. durch Induktion der Enzyme des Glyoxylat-Zyklus, vor allem der Isocitratlyase (KLEBER und AURICH, 1973). Gleichzeitig damit wird auch noch die Biosynthese anderer Enzyme zentraler Bahnen bei der Alkan-Assimilation verändert, z. B. bei *Ac. calcoaceticus* die Malatdehydrogenase induziert und das Malatenzym reprimiert (Übersicht bei KLEBER, 1978.

## 5. Die Enzyme des Hauptweges und ihre hydrophoben Wechselwirkungen mit Membranen und Substraten

Der größte Teil der Enzyme zur primären Oxydation der Alkane liegt membrangebunden vor. Einige von ihnen wurden in der Vergangenheit isoliert und gereinigt, z. B. die Alkan-1-monooxygenase aus *Ps. putida,* von der eine Subeinheit (Polypeptidkette) mit 21 Phospholipoidmolekeln verbunden ist und nur so ihre Aktivität auch *in vitro* erhält (RUETTINGER *et al.*, 1977). In der Regel werden bei der Isolierung zuerst die hydrophoben Verankerungen der Enzyme in der Membran durch anionische oder nicht-ionische Detergentien gelöst, wodurch die Enzyme solubilisiert werden. Weder die kinetischen noch die thermodynamischen Parameter der Enzym-Substrat-Wechselwirkungen ändern sich dabei (SORGER und AURICH, 1978b; SORGER *et al.*, 1978). Die Detergentien an den Enzymen können nachträglich durch Phospholipoide wieder substituiert werden.

Wir haben bei *Ac. calcoaceticus* durch vorsichtigen Aufschluß der Zellen und durch ein Schema fraktionierter Zentrifugationen zuerst Zellhüllen gewonnen, die — morphologisch zwar nicht homogen — aber völlig frei von Cytoplasmabestandteilen waren (AURICH *et al.*, 1977). Von diesen Zellhüllen ausgehend, gelingt dann leicht eine Solubilisierung z. B. der Aldehyddehydrogenase mit Detergentien (SORGER und AURICH, 1978b), aber auch mit proteolytischen Enzymen. Die proteolytischen Enzyme trennen die eigentliche Aldehyddehydrogenase mit den aktiven Zentren von ihrer hydrophoben Membranverankerung. Dadurch ist das Enzym löslich geworden und auch ohne Phospholipoidmolekeln aktiv.

Außer diesen hydrophoben Peptiden, die der Verankerung solcher Enzyme in der Membran dienen und Wechselwirkungen zwischen Protein- und Phospholipoidteil der Membran ermöglichen, haben die alkanoxydierenden Enzyme alle hydrophobe Domänen an den oder in unmittelbarer Nähe der aktiven Zentren, die der Bindung der hydrophoben Substrate dienen. Solche hydrophoben Regionen sind nicht von der Membranbindung abhängig und werden auch bei anderen Enzymen gefunden, die in der Lage sind, hydrophobe Substrate umzusetzen. Dazu gehört u. a. auch die Alkoholdehydrogenase aus Bäckerhefe (SCHÖPP und AURICH, 1973), die wir für solche Studien deshalb vielfach als Modellenzym benutzten.

Eine allgemeine Eigenschaft der Enzyme mit hydrophoben Substratbindungsstellen ist die Fähigkeit zum Umsatz von Substraten homologer Reihen (Übersicht bei SCHÖPP *et al.*, 1976). Dabei sinken mit steigender Kettenlänge die $K_M$-Werte stetig ab (bis etwa zu Kettenlängen zwischen $C_{10}$ und $C_{12}$), d. h. bis in diesen Bereich wird die Bindung des Substrates an das Enzym ständig fester. Als Beispiel ist dies für die Aldehyddehydrogenase aus *Ac. calcoaceticus* in Abbildung 7 dargestellt. Daraus wird ersichtlich, daß hydrophobe Wechselwirkungen zwischen Substrat und Enzym für die Substratbindung entscheidend sind. Eine weitere Erhöhung der Intensität der Substratbindung bei höheren Kettenlängen ist durch Ausdehnungsbegrenzung der hydrophoben Region oder durch begrenzte Raumforderung der Substrate (z. B. durch Knäuelung der Kohlenwasserstoffketten) nicht möglich (Schöpp und Aurich, 1973). Da die Bindungsintensität der Cofaktoren (z. B. der Pyridinnukleotide) durch die Kettenlänge der Substrate nicht verändert wird (Abb. 7), kann es zur Umkehr der Bindungsfolge von Cofaktor und Substrat und damit auch zu Veränderungen des Reaktionsmechanismus dieser Enzyme kommen (Schöpp und Aurich, 1976; Sorger und Aurich, 1978a und b).

Von besonderem Interesse war nun für uns die Frage, auf welche Weise die Enzyme *in vitro* mit ihren hydrophoben Substraten reagieren. Wir hatten zuerst ausschließlich mit wässrigen (molekular-dispersen) Lösungen der Substrate gearbeitet und zeigen können, daß die Enzyme ihre Substrate aus der wässrigen Phase entnehmen und sie in die hydrophobe Proteinphase überführen (Schöpp und Aurich, 1973). Aus dem Abfall der $K_M$-Werte in homologen Reihen ergaben sich Änderungen der freien Enthalpien (um etwa 580 kcal/Mol Methylengruppe), die unter Berücksichtigung der Änderungen der Molrefraktionen für eine — gleichsam thermodynamisch favorisierte — Überführung der Alkanderivate aus der wässrigen in die hydrophobe Phase des Proteins sprechen.

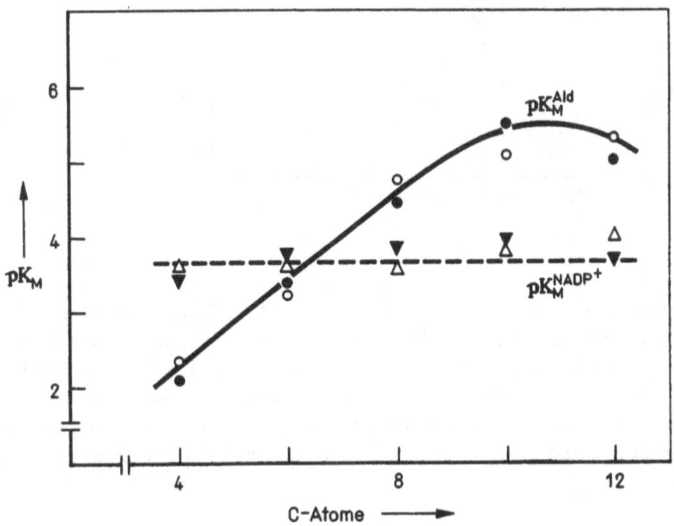


Abb. 7 Abhängigkeit der „limitierenden" $K_M$-Werte (als $pK_M$ angegeben) der Aldehyddehydrogenase aus *Ac. calcoaceticus* für die Alkanale in homologer Reihe (Kreise) und für NADP (Dreiecke). Die leeren Zeichen gelten für Ergebnisse mit intakten Membranen, die schwarzen für das desoxycholatsolubilisierte Enzym (nach Sorger und Aurich, 1978 b)

Da aber auch beim Übergang von der Lösung zur Dispersion die katalytischen Konstanten noch weiter ansteigen und der Nachlösevorgang viel zu langsam ist, um dies zu erklären, prüften wir auch den enzymatischen Umsatz an den Grenzflächen von Substratpartikeln und Wasser. Die nach Lineweaver und Burk transformierten Funktionen zeigten dabei nur Linearität (Abb. 8), wenn für die Substratkonzentration die Oberflächenkonzentration der Partikeln eingesetzt wurde (ROTHE *et al.*, 1976). Dies deutete bereits auf eine Reaktion der Enzyme an der Grenzfläche hin. Für die Alkoholdehydrogenase stellten wir dazu Tetradecanol-Kugeln her, deren Oberflächenkonzentration sich annähernd berechnen läßt.

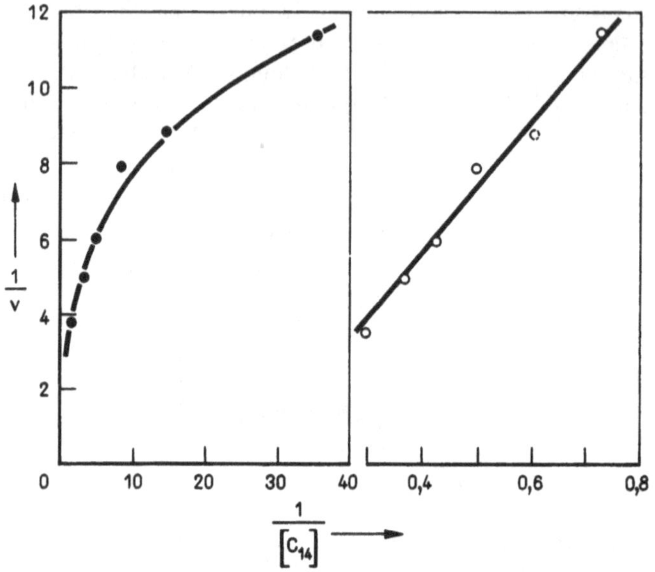


Abb. 8 Beziehungen zwischen der Reaktionsgeschwindigkeit v (in µmol/min) und der Tetradecanol-Konzentration $[C_{14}]$ bei der Alkoholdehydrogenase aus Bäckerhefe in der doppelten-reziproken Darstellung nach LINEWEAVER und BURK. In der linken Bildhälfte sind die Gewichtskonzentrationen, in der rechten die Oberflächenkonzentrationen der Tetradecanol-Partikeln (als Dispersion von Kugeln mit mittleren Durchmessern von 0,1–0,16 mm) zugrunde gelegt. $NAD^+$-Konzentration: 0,75 µmol/ml. Modifiziert nach SCHÖPP *et al.* (1976)

Die Beziehung zwischen Reaktionsgeschwindigkeit und Enzymkonzentration – normalerweise direkt proportional – folgt z. B. bei der Alkoholdehydrogenase der Funktion $v = K [E]^{0,4}$ (Abb. 9). Der numerische Wert des Exponenten (0,4) spricht für eine Reaktion des Enzyms an einer nicht idealen Oberfläche (ROTHE *et al.*, 1976; SCHÖPP *et al.*, 1976). Wir mußten daraus entnehmen, daß die Enzyme der primären Oxydation von aliphatischen Kohlenwasserstoffen ihre Substrate sowohl aus der molekular-dispersen wässrigen Lösung als auch von der Oberfläche der hydrophoben Substratpartikeln (in Dispersionen) entnehmen können und damit sowohl in homogener als auch in heterogener Phase zu arbeiten vermögen.

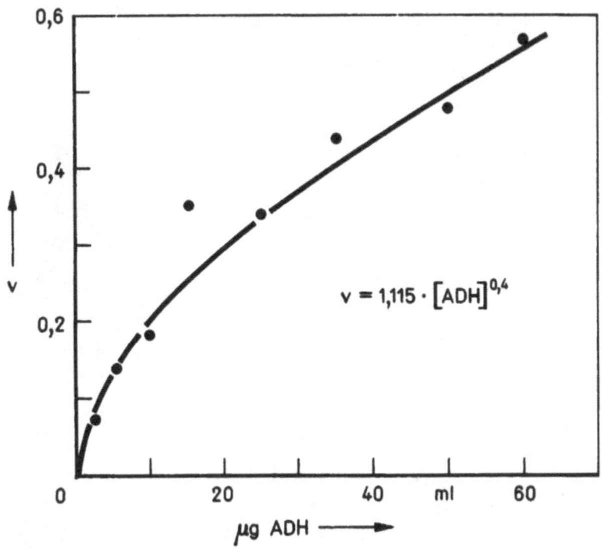


Abb. 9 Abhängigkeit der Reaktionsgeschwindigkeit v (in µmol/min) der Alkoholdehydrogenase aus Bäckerhefe von der Enzymkonzentration (Tetradecanol als Substrat in einer Dispersion von Kugeln: 7.5 mg/ml; $NAD^+$: 0.75 µmol/ml). Nach ROTHE *et al.* (1976)

## 6. Schlußbetrachtungen

Als Arbeitshypothese haben wir uns ein Schema der Alkanoxydation entwickelt, das zwar noch unvollständig ist, aber einige wesentliche Befunde und Erkenntnisse der letzten Jahre berücksichtigt (Abb. 10). Es gilt vordergründig für die Prozesse bei *Ac. calcoaceticus,* berücksichtigt das Modell der „Oberflächenoxydation" und zeigt aber auch die vielfältigen Beziehungen der Enzyme zum Cytoplasma. Die polare Anordnung der Enzyme in der Cytoplasmaseite der Membran und auch ihre räumliche Teilung dienen nur der Übersichtlichkeit des Schemas und sind nicht bewiesen, im Gegenteil ist wohl eher eine Assoziation der Enzyme zu einem größeren Komplex in der Membran anzunehmen.

Aus diesen Hypothesen und Modellen ist ersichtlich, daß es eine Reihe von ungelösten Problemen gibt, die in den nächsten Jahren im Mittelpunkt der Untersuchungen stehen werden. Dazu zählen die Fragen nach der Art der Adsorption der Zellen an die hydrophoben Substratpartikeln des Kulturmediums und der Aufnahme der Substrate, nach dem Status der Kohlenwasserstoffe und ihrer Metabolite in der Zelle selbst, nach den Elektronenakzeptoren in oder an den Membranen, nach der Art der Kettenlängenveränderungen der Fettsäuren für die Biosynthese der Membranlipoide, nach den Enzymen der vermuteten (oder anderer) Nebenwege in der primären Oxydation, nach den Möglichkeiten der Gewinnung

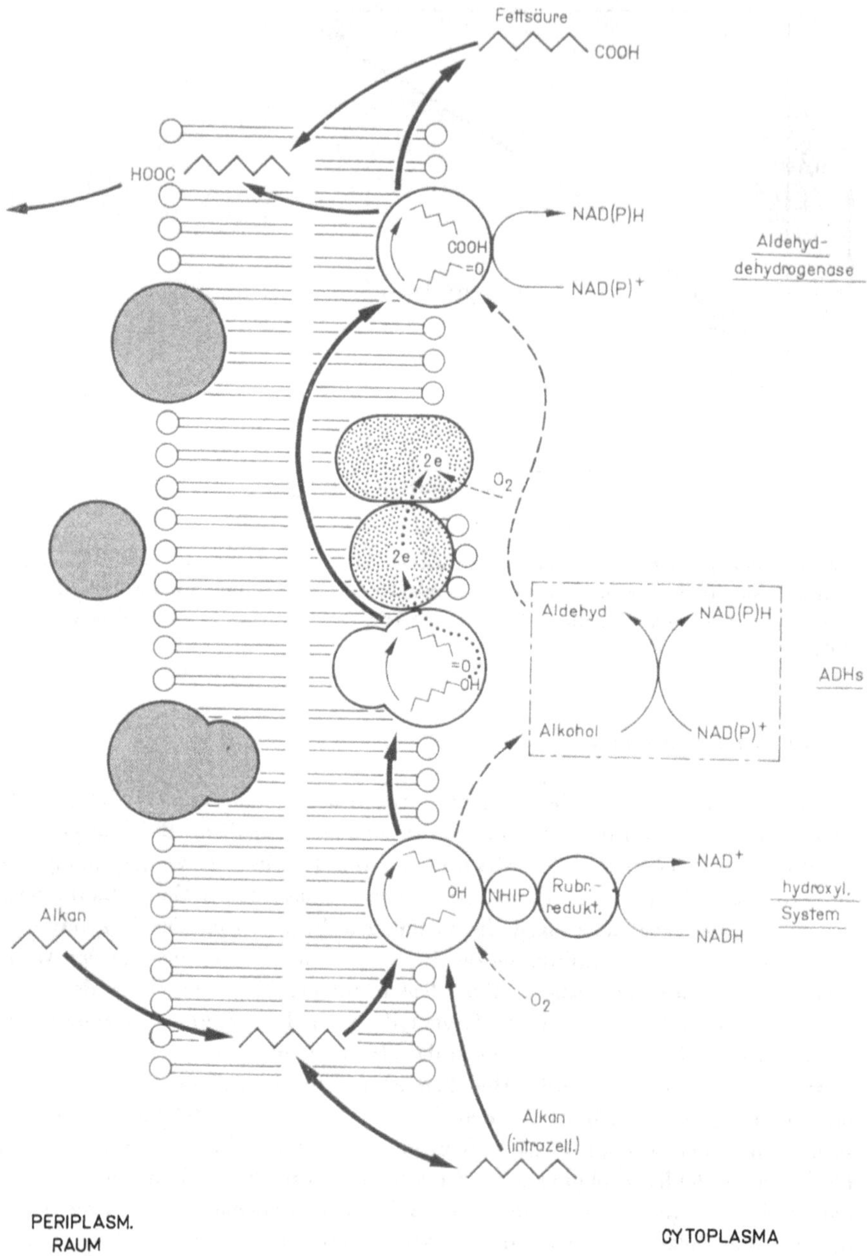


Abb. 10 Schematische Darstellung eines Modells der bakteriellen Alkanoxydation mit den membrangebundenen Enzymen des Hauptweges und deren Verknüpfung mit Prozessen bzw. Metaboliten des Cytoplasmas

der primären Oxydationsenzyme und des subtilen Studiums ihrer Eigenschaften (speziell der heterogenen Katalyse), nach dem Mechanismus der epigenetischen Regulation der Enzyme (vor allem nach der Art der Induktion ihrer Biosynthese) u. v. a. m. Die wirtschaftliche Bedeutung solcher Studien liegt auf der Hand. Es sollten sich daraus Anhaltspunkte für neue Wege in der Sauerstoff-Funktionalisierung von aliphatischen Kohlenwasserstoffen *in vitro*, für neue Stämme mit besonderen Fähigkeiten zur Anreicherung spezieller Produkte (Alkanderivate oder auch Produkte aus zentralen Bahnen), für Verbesserungen der ökonomischen Parameter der bakteriellen Erdölkonvertierung, für Biomassen mit neuen Inhalten u. ä. ergeben. Dies könnten die Triebkräfte künftiger Untersuchungen sein.

## Literatur


ALLEN, J. E., F. W. FORNEY and A. J. MARKOVETZ (1971): Microbial subterminal oxydation of alkanes and alk-1-enes. Lipids **6**, 448—452.

ASPERGER, O., und H. AURICH (1977): Anwendung polarographischer $O_2$-Messungen auf die Veratmung von n-Alkanen und deren Derivaten durch *Acinetobacter calcoaceticus*. Z. Allg. Mikrobiol. **17**, 419—427.

ASPERGER, O., H.-P. KLEBER und H. AURICH (1978): Zytochrom-Zusammensetzung von *Acinetobacter calcoaceticus*. Acta biol. med. germ. **37**, 191—198.

AURICH, H. und G. EITNER (1973): Oxydation von n-Hexadecan durch *Acinetobacter calcoaceticus* — Bedingungen und Induktion beteiligter Enzyme. Z. Allg. Mikrobiol. **13**, 539—544.

AURICH, H. und G. EITNER (1977): Induktion der NADP-abhängigen Aldehyddehydrogenase durch Kohlenwasserstoffe bei *Acinetobacter calcoaceticus*. Z. Allg. Mikrobiol. **17**, 263—266.

AURICH, H., D. SORGER und O. ASPERGER (1976): Isolierung und Charakterisierung eines Rubredoxins aus *Acinetobacter calcoaceticus*. Acta biol. med. germ. **35**, 443—451.

AURICH, H., H. SORGER und H. MÜLLER (1977): Isolierung und Charakterisierung der Zellgrenzschichten von *Acinetobacter calcoaceticus*. Z. Allg. Mikrobiol. **17**, 333—338.

AZOULAY, E., J. CHOUTEAU et G. DAVIDOVICS (1963): Isolement et characterisation des enzymes responsables de l'oxydation des hydrocarbures. Biochim. biophysica Acta **77**, 554—567.

AZOULAY, E. and M. T. HEYDEMAN (1963): Extraction and properties of alcohol dehydrogenase from *Pseudomonas aeruginosa*. Biochim. biophysica Acta **73**, 1—6.

BEERSTECHER, E. (1954): Petroleum microbiology. Elsevier Press Inc., Houston.

BENSON, S. and J. SHAPIRO (1975): Induction of alkane hydroxylase proteins by unoxidized alkane in *Pseudomonas putida*. J. Bact. **123**, 759—760.

BENSON, S. and J. SHAPIRO (1976): Plasmid-determined alcohol dehydrogenase activity in alkane-utilizing strains of *Pseudomonas putida*. J. Bact. **126**, 794—798.

BERTRAND, J. C., M. GALLO et E. AZOULAY (1973): Aldéhyde deshydrogenases soluble et particulaire de *Pseudomonas aeruginosa*. Biochimie **55**, 343—350.

BOYER, R. F., E. T. LODE and M. J. COON (1971): Reduction of alkyl hydroperoxides to alcohols: Role of rubredoxin, an electron carrier in the bacterial hydroxylation of hydrocarbons. Biochem. Biophys. Res. Commun. **44**, 925—930.

Cardini, G. and P. Jurtshuk (1970): The enzymatic hydroxylation of n-octane by *Corynebacterium sp.* strain 7EIC. J. biol. Chemistry **245**, 2789–2796.

Chakrabarty, A. M., G. Chou and J. C. Gunsalus (1973): Genetic regulation of octane dissimilation plasmid in *Pseudomonas*. Proc. Nat. Acad. Sci. USA **70**, 1137–1140.

Chouteau, J., E. Azoulay and J. C. Senez (1962): Anaerobic formation of n-hept-1-ene from n-heptane by resting cells of *Pseudomonas aeruginosa*. Nature **194**, 576–578.

Claus, R., O. Asperger und H.-P. Kleber (1978): Nachweis und partielle Anreicherung von Rubredoxinreductase aus *Acinetobacter calcoaceticus*. Wiss. Z. KMU, Math.-Nat. R. **27**, 17–24.

Dalhoff, A. and H. J. Rehm (1975): On the regulation of tetradecane oxidation. Naturwiss. **62**, 392–393.

Dalhoff, A. and H. J. Rehm (1976): Studies on the regulation of tetradecane oxidation in *Pseudomonas aeruginosa* (I. und II.). Europ. J. Appl. Microbiol. **3**, 193–202 und 203–211.

Davis, J. B. (1967): Petroleum microbiology. Elsevier Publ. Comp., Amsterdam — London — New York.

Erickson, L. E. and T. Nakahara (1975): Growth in cultures with two liquid phases: Hydrocarbon uptake and transport. Proc. Biochem. **10**, 9–13.

van Eyk, J. und T. J. Bartels (1968): Paraffin oxidation in *Pseudomonas aeruginosa*. I. Induction of paraffin oxidation. J. Bact. **96**, 706–712.

van Eyk, J. and T. J. Bartels (1970): Paraffin oxidation in *Pseudomonas aeruginosa*. II. Gross fractionation of the enzyme system into soluble and particulate components. J. Bact. **104**, 1065–1073.

Fennewald, M. and J. Shapiro (1977): Regulatory mutations of the *Pseudomonas* plasmid *alk* regulon. J. Bact. **132**, 622–627.

Finnerty, W. R. (1977): The biochemistry of microbial alkane oxidation: New insights and perspectives. Trends Biochem. Sci. **2**, 73–75.

Finnerty, W. R. (1978): Vortr. Int. Kongr. Mikrobiol., München.

Foster, J. W. (1962): Hydrocarbons as substrates for microorganisms. Ant. v. Leeuwenhoek **28**, 241–274.

Grund, A., J. Shapiro, M. Fennewald, P. Bacha, J. Leahy, K. Markbreiter, M. Nieder and M. Toepfer (1975): Regulation of alkane oxydation in *Pseudomonas putida*. J. Bact. **123**, 546–556.

Humphrey, A. E. (1967): A critical review of hydrocarbon fermentation and their industrial utilization. Biotech. Bioeng. **9**, 3–24.

Juni, E. (1978): Genetics and physiology of *Acinetobacter*. Ann. Rev. Microbiol. **32**, 349–371.

Kennedy, R. S. and W. R. Finnerty (1975): Microbial assimilation of hydrocarbons. II. Intracytoplasmic membrane induction in *Acinetobacter sp.* Arch. Microbiol. **102**, 85–90.

Kennedy, R. S., W. R. Finnerty, K. Sudarsanan and R. A. Young (1975): Microbial assimilation of hydrocarbons. I. The fine-structure of a hydrocarbon oxidizing *Acinetobacter sp.* Arch. Microbiol. **102**, 75–83.

Kester, A. S. and J. W. Foster (1963): Diterminal oxidation of long-chain alkanes by bacteria. J. Bact. **85**, 859–569.

Kleber, H.-P. (1978): Regulation der Synthese und Aktivität von Enzymen des Citrat-

und Glyoxylatzyklus in *Acinetobacter calcoaceticus* unter dem Einfluß der n-Alkanassimilation. Wiss. Z. KMU, Math.-Nat. R. **27**, 55–66.

Kleber, H.-P. und H. Aurich (1973): Der Einfluß von n-Alkanen auf die Synthese der Enzyme des Glyoxylatzyklus in *Acinetobacter calcoaceticus*. Z. Allg. Microbiol. **13**, 473–480.

Klug, M. J. and A. J. Markovetz (1971): Utilization of aliphatic hydrocarbons by microorganisms. Adv. Microbial Physiol. 5, 1–43.

Kusunose, M., K. Ichihara, E. Kusunose, J. Nozaka and J. Matsumoto (1967 a): The possible role of flavin on the hydroxylation of hydrocarbons by bacterial enzyme system. Agric. Biol. Chem. **31**, 990–992.

Kusunose, M., J. Matsumoto, K. Ichihara, E. Kusunose and J. Nozaka (1967 b): Requirement of three proteins for hydrocarbon oxidation. J. Biochem. (Tokyo) **61**, 665–667.

Lebeault, J. M., E. T. Lode and M. J. Coon (1971): Fatty acid and hydrocarbon hydroxylation in yeast: Role of cytochrome P-450 in *Candida tropicalis*. Biochem. Biophys. Res. Commun. **42**, 413–419.

van der Linden, A. C. and G. J. E. Thijsse (1965): The mechanism of microbial oxidations of petroleum hydrocarbons. Adv. Enzymol. **27**, 469–546.

Lode, E. T. and M. J. Coon (1971): Enzymatic ω-oxidation. V. J. biol. Chemistry **246**, 791–803.

Markovetz, A. J. (1978): Vortr. Int. Kongr. Mikrobiol., München

McKenna, E. J. and M. J. Coon (1970): Enzymatic ω-oxidation. IV. J. biol. Chemistry **245**, 3882–3889.

McKenna, E. J. and R. E. Kallio (1965): The biology of hydrocarbons. Annu. Rev. Microbiol. **19**, 183–208.

Nieder, M. and J. Shapiro (1975): Physiological function of the *Pseudomonas putida* PpG6 *(Pseudomonas oleovorans)* alkane hydroxylase: Monoterminal oxidation of alkanes and fatty acids. J. Bact. **122**, 93–98.

Parekh, V. R., R. W. Traxler and J. M. Sobek (1977): n-Alkane oxidation enzymes of a pseudomonad. Appl. Environm. Microbiol. **33**, 881–884.

Peterson, J. A. (1970): Cytochrome content of two pseudomonads containing mixed-function oxidase systems. J. Bact. **103**, 714–721.

Peterson, J. A. and M. J. Coon (1968): Enzymatic ω-oxidation. III. J. biol. Chemistry **243**, 329–334.

Ratledge, C. (1977): Degradation of aliphatic hydrocarbons. Aus „Developm. Biodegrad. Hydrocarb.", Appl. Sci. Publ., Hull, S. **1**–46.

Rothe, U., W. Schöpp und H. Aurich (1976): Enzymatischer Umsatz von Tetradekanol in heterogener Phase durch Hefe-Alkoholdehydrogenase. Acta biol. med. germ. **35**, 7–14.

Ruettinger, R. T., G. R. Griffith and M. J. Coon (1977): Characterization of the ω-hydroxylase of *Pseudomonas oleovorans* as a nonheme iron protein. Arch. Biochem. Biophys. **183**, 528–537.

Schöpp, W. und H. Aurich (1973): Abhängigkeit der $K_M$- und $V_{max}$-Werte von der Kettenlänge des Substrates für die Reaktion der Alkoholdehydrogenase aus Hefe. Acta biol. med. germ. **31**, 19–28.

Schöpp, W. and H. Aurich (1976): Kinetics and reaction mechanism of yeast alcohol dehydrogenase with long-chain primary alcohols. Biochem. J. **157**, 15–22.

Schöpp, W., U. Rothe, H. Tauchert, M. Grunow und H. Aurich (1976): Enzymreaktionen an hydrophoben Substraten. Forschungsbericht, Leipzig.

Scott, C. C. L. and W. R. Finnerty (1976): Characterization of intracytoplasmic hydrocarbon inclusions from the hydrocarbon-oxidizing *Acinetobacter species* HO1-N. J. Bact. **127**, 481—489.

Scott, C. C. L., R. A. Makula and W. R. Finnerty (1976): Isolation and characterization of membranes from a hydrocarbon-oxidizing *Acinetobacter sp.* J. Bact. **127**, 469 bis 480.

Shapiro, J. (1978): Vortr. Int. Kongr. Mikrobiol., München.

Sorger, H. und H. Aurich (1978 a): Mikrobielle Aldehyddehydrogenasen und ihre Bedeutung für die Assimilation aliphatischer Kohlenwasserstoffe. Wiss. Z. KMU, Math.-Nat. R. **27**, 35—46.

Sorger, H. und H. Aurich (1978 b): Oxydation von homologen aliphatischen Aldehyden durch membrangebundene und solubilisierte Aldehyddehydrogenase aus *Acinetobacter calcoaceticus*. Z. Allg. Mikrobiol. **18**, 587—591.

Sorger, H., R. Bergmann and K. Kretschmer (1978): Some new properties of aldehyde dehydrogenase from *Acinetobacter calcoaceticus*. 12. FEBS-Meet., Dresden.

Tassin, J. P. and J. P. Vanadecasteele (1972): Seperation and characterization of long-chain alcohol dehydrogenase isoenzymes from *Pseudomonas aeruginosa*. Biochim. biophysica Acta **276**, 31—42.

Tauchert, H., M. Grunow, H. Harnisch und H. Aurich (1976): Reinigung und einige Eigenschaften der NADP-abhängigen Alkoholdehydrogenase aus *Acinetobacter calcoaceticus*. Acta biol. med. germ. **35**, 1267—1272.

Tauchert, H., W. Schöpp und H. Aurich (1978 a): Pyridinnukleotidunabhängige Alkoholdehydrogenasen in alkanverwertenden Bakterien. Wiss. Z. KMU, Math.-Nat. R. **27**. 25—34.

Tauchert, H., M. Grunow und H. Aurich (1978 b): Regulation und einige Eigenschaften einer partikulären, akzeptorabhängigen Alkoholdehydrogenase aus *Pseudomonas putida* beim Wachstum auf n-Alkanen. Z. Allg. Mikrobiol. **18**, 675—680.

Ueda, T. and M. J. Coon (1972): Enzymatic ω-oxidation. VII. J. biol. Chemistry **247**. 5010—5016.

Zobell, C. E. (1950): Assimilation of hydrocarbons by microorganism. Adv. Enzymol. **10**, 443—486.

MIX
Papier | Fördert gute Waldnutzung
FSC® C083411

Zeitfracht Medien GmbH
Ferdinand-Jühlke-Straße 7
99095 Erfurt, Deutschland
produktsicherheit@kolibri360.de